UN MOT

SUR

L'ÉTIOLOGIE ET LA PATHOGÉNÉSIE

DE LA

MORVE

UN MOT

SUR

L'ÉTIOLOGIE ET LA PATHOGÉNÉSIE

DE LA

MORVE

Par R.-F. BAILLIF

VÉTÉRINAIRE MILITAIRE EN RETRAITE, MEMBRE DE LA SOCIÉTÉ CENTRALE
D'AGRICULTURE DE PARIS, DE LA SOCIÉTÉ CENTRALE DE MÉDECINE
VÉTÉRINAIRE, DE LA SOCIÉTÉ INDUSTRIELLE
ET AGRICOLE D'ANGERS, ETC.

PARIS

TYPOGRAPHIE DE Vᵉ RENOU, MAULDE ET COCK

144, RUE DE RIVOLI, 144

—

1876

UN MOT

SUR

L'ÉTIOLOGIE ET LA PATHOGÉNÉSIE

DE LA

MORVE

Préambule. — Influence des idées du maître sur l'élève. — La morve a-t-elle une caractéristique? — La morve ne naît-elle que de la morve? — Virus. — Que doit-on entendre par spontanéité? — Parmi les causes efficientes de la morve, quel rôle convient-il d'attribuer aux médications, aux régimes et aux arrêts de transpiration répétés? — Ensemble des faits tendant à prouver que ne voir dans l'étiologie de la morve que la contagion, c'est s'exposer à couper ras de terre une plante dont on conserve religieusement des racines vivaces. — Résumé.

Une question capitale, la morve, question qui intéresse et l'armée et la population civile, appelées de plus en plus à ne faire qu'un, vient d'être de nouveau agitée à la Société centrale vétérinaire. Le temps, les arguments pour et contre n'ayant pas sensiblement changé notre opinion, nous avons cru de notre devoir de réimprimer quelques pensées jetées il y a plus de vingt ans sur cette importante matière. Déjà, en 1854, nous écrivions : « Si l'on veu que la morve et le farcin disparaissent des régiments, on doit en éloigner a plus vite le régime vert, le régime blanc, *la diète* et *la flamme*, qui en sont bien souvent les causes prédisposantes ; puis encore il faut avant tout *supprimer les arrêts de transpiration, éviter la contagion, aérer convenablement les écuries,* donner plus d'exercice et le bien régler. »

Alors, comme aujourd'hui, nous étions contagionniste, mais dans une certaine mesure. Nous craignons qu'une fâcheuse tendance de l'esprit humain à passer d'un extrême à l'autre n'égare les esprits, et qu'après avoir nié complétement la contagion on ne soit devenu trop contagionniste.

Une très-judicieuse communication de M. Salle est venue tellement corroborer nos idées et donner des arguments puissants, basés sur une sévère observation de faits pesés et analysés, à nos idées premières, que nous n'avons pu résister au besoin de dire un dernier mot. Faibles sont nos moyens, plus faible notre influence. Toutefois, n'aurait-elle réussi qu'à amener un moment d'arrêt dans la détermination des esprits d'élite que remue profondément cette question, n'eût-elle fait qu'attirer l'attention des hommes sévères et soucieux de voir juste, nous ne penserions pas avoir fait d'inutiles efforts et nous en serions complétement récompensé.

La science, plus que jamais, est appelée à traiter en maîtresse les questions autrefois trop abandonnées à un empirisme aveugle ; à elle de ne point affirmer à la légère. Le doute, sans être pour elle l'oreiller moelleux dont parle Montaigne, lui convient souvent, si l'on veut que le public, toujours si crédule au début, ne lui donne pas une confiance dont il aurait à se repentir ; c'est lui qui, en dernier lieu, est le juge souverain, et le terrain une fois perdu ne serait pas facile à reconquérir. Ne tranchons pas les questions encore à l'étude, sachons attendre ; le temps est peu quand il s'agit de la découverte du vrai. Le monde des objets et des faits ne se façonne guère à nos petites conceptions de cabinet. Qu'un œil scrutateur et toujours vigilant les observe et ne rende un jugement que lorsqu'il est assez compréhensif pour embrasser tous les cas.

En entendant la savante dissertation de M. Bouley sur le danger que faisaient courir à la science les idées trop arrêtées, en suivant avec lui les changements importants que la philosophie scientifique moderne a fait subir à l'interprétation des faits, en rappelant à notre souvenir combien nombre d'esprits, peu chercheurs, aiment à se reposer sur la parole du maître, combien de praticiens pensent et agissent comme pensaient et agissaient leurs maîtres d'il y a trente ans, j'ai compris toute la circonspection que doivent mettre ceux qui se trouvent par leur intelligence à la tête du mouvement médical, avant d'émettre une théorie et de baser une médication sur un système.

Autant le maître doué d'un grand sens ou jugement pratique, saura mettre d'attention scrupuleuse et d'observation profonde dans chaque cas particulier, autant il saura peser le pour et le contre, autant l'élève, exécuteur aveugle, agira fatalement, à la façon d'une force inconsciente, qui tranche sans discernement et peut faire un mal énorme. Cela est d'autant plus à craindre que l'on aura moins discipliné l'élève à observer par lui-même, et à ne pas toujours s'en rapporter à la parole du maître.

J'admirais en même temps ces conformations d'élite, chez lesquelles la plasticité de l'esprit est telle que les idées, ou impressions, y entrent avec facilité, s'y conservent avec aisance, sans jamais laisser ces traces ineffaçables, ces empreintes profondes que produisent dans les cerveaux moins heureux les idées dont l'enchaînement est saisi avec peine et après un dur et pénible labeur.

Cette dissertation me mettait en mémoire une citation de Hobbes, prise dans Destutt de Tracy : « Quand les hommes ont une fois acquiescé à des opinions fausses, et qu'ils les ont authentiquement enregistrées dans leur esprit, il est tout aussi impossible de leur parler intelligiblemment que d'écrire lisiblement sur un papier brouillé d'écriture. »

De là l'importance de l'éducation première de la jeunesse ; toute intelligence neuve et fraîche une fois farcie d'idées fausses devient rebelle à des idées nouvelles, surtout si l'on veut bien se rappeler que la plasticité du cerveau diminue par la vieillesse.

Toutefois, je dois l'avouer avec regret, je ne suis pas convaincu que l'interprétation nouvelle des faits, — qui eux n'ont pas changé, — pût me déterminer à abandonner mes anciennes opinions, peut-être mes anciennes erreurs. Dussé-je me ranger dans la catégorie des esprits à empreintes trop durables, j'ai été irrésistiblement poussé à mettre davantage en relief la question étiologique.

Tout ce qui a trait à l'économie animale est ici laissé en dehors. Nous n'avons point à nous occuper si l'industrie privée nourrit bien ou mal sa cavalerie; si les principes azotés donnés en suffisante quantité au point de vue mécanico-chimique, le sont réellement au point de vue physiologique, c'est-à-dire dynamique; si l'avoine, en dehors de ses principes azotés, joue un rôle stimulant analogue à celui du vin dans l'économie humaine; si l'action du fouet est suffisante pour la remplacer et permet de faire parcourir un espace donné dans un laps de temps donné; — enfin, dans quel degré l'homme a le devoir d'intervenir pour défendre les aides naturels qui, par la domestication, sont complétement à sa merci. Toutes ces questions, très-intéressantes sans doute, sont du ressort de l'économie sociale et n'ont fait que nous égarer, car derrière se trouvent trop souvent des questions de personnes, lesquelles doivent être sévèrement bannies, quand il s'agit de science pure.

Avant d'aborder ce qui nous divise, un mot sur la contagion. — Ici, plus de contradicteurs. Il n'en fut pas toujours ainsi. — Sous ce rapport il y a progrès, et la théorie n'essaie plus de combattre ce que depuis longtemps déjà avait enseigné l'expérience de la pratique.

Mais dans quelle mesure la contagion frappe-t-elle les animaux?

Trouvera-t-on un moyen de diagnostiquer la morve à son début?

Ce signe pathognomonique, — but de tant de recherches, — existe-t-il? Sinon, le temps employé à chercher la caractéristique ne fait-il pas oublier que c'est d'après un ensemble de signes, tant historiques que d'observations externes, que la maladie peut être reconnue ou supposée, — ce qui permet d'agir en conséquence?

N'abat-on jamais d'animaux morveux qui à l'autopsie n'en montrent pas trace, parce que sous le nom générique de *morve* on confond des maladies essentiellement différentes?

Autant d'interrogations auxquelles il serait bien difficile de répondre d'une manière formelle, ce qui tendrait à prouver que la question n'est pas peut-être aussi mûre que semblent l'indiquer les flots d'encre répandus sur la matière. Je ne voudrais pas cependant que l'on se méprenne sur mes intentions et que l'on me suppose peu partisan de l'abatage. Nous n'ignorons pas qu'il est infiniment préférable d'abattre quelques animaux à tort que de les laisser contagionner par centaines. — La perfection n'existe pas. — Mais encore sur ce terrain — de l'abatage — n'y a-t-il plus rien à dire?

M. Bouley, à une première inspection des chevaux d'une· administration, ne trouve qu'un nombre relativement faible d'animaux morveux; puis la maladie, malgré les mesures prophylactiques prises, continuant, une seconde visite, plus minutieuse, lui démontre que nombre de chevaux avaient échappé à la première inspection.

N'y a-t-il pas d'enseignement à tirer d'un fait aussi significatif, et lorsque nous voyons l'homme qui fait le plus honneur au personnel vétérinaire laisser de côté, dans une première visite, des cas de morve, n'est-il pas à supposer que de moins expérimentés fassent journellement la même chose? L'inspection des ganaches, — grand progrès au début, — n'est donc pas suffisante. — Les naseaux doivent encore être attentivement examinés. — Non-seulement les naseaux, mais encore l'*habitus* extérieur, les antécédents. Toutes les fois qu'un cheval, — surmené ou non, — aura maigri, aura un poil terne, piqué, la peau sèche et les articulations roides, il convient, dans une bonne administration, de le tenir dans une écurie séparée et de l'observer.

Serait-ce donc, — puisqu'il me faut entrer dans tant de détails pour arriver à reconnaître la maladie, — que loin de chercher un *critere* certain, un seul signe pathognomonique, comme on a tant de tendance à le faire, il faille, au contraire, voir minutieusement tout l'ensemble des symptômes que peut présenter la maladie? Pour notre compte nous serions tenté de le supposer, car pour nous l'affection, — et ses différentes manifestations, — est une maladie qui atteint toute la substance de l'être, partant a un retentissement sur tout l'organisme.

Je n'insiste pas sur cette question, elle n'est pas le sujet principal de mes recherches. Le glandage et le jetage, à eux seuls, demanderaient une séance pour être étudiés fructueusement. — Quant au chancre, il peut exister ou non, visible ou caché; dans la morve latente, par exemple, nous en avons observé plusieurs cas.

Dans quels détails ne nous faudrait-il pas entrer pour montrer que le glandage et le jetage ne forment pas des signes pathognomoniques ; que l'on a souvent ainsi abattu nombre de chevaux qui, à l'autopsie, ne révélaient que des dépôts purulents formés dans les cavités nasales et les sinus frontaux, infiltration et épaississement de la pituitaire avec quelques érosions, et cela pour n'avoir pas tenu un compte suffisant de l'historique. Tel animal gourmeux peut avoir jetage et glandage sans être morveux. Pour tous ces cas, prudence et observation attentive de l'animal mis à part.

La partie importante de ce travail est celle qui a trait aux causes de la morve ; la contagion en est une. Mais pour beaucoup de praticiens qui voient moins le livre ou l'idée du maître que le déroulement des faits, il y en a d'autres. C'est là qu'est le nœud. — C'est là que nous nous trouvons forcément aux prises avec les vues de l'esprit, la matière que nous touchons étant au-dessus des moyens de vérification directes.

La morve, évidemment contagieuse, ne naît-elle que de la morve ?

La morve peut-elle se déclarer de toute pièce ?

Dans le cas où elle naît ou paraît naître spontanément, n'est-elle que le produit d'un germe, répandu extérieurement et entraîné dans l'organisme, soit par l'air, soit par les liquides ou les solides ?

Au point où nous en sommes, le mot *virus* vient naturellement sous notre plume. Qu'est-ce qu'un *virus ?* Existe-t-il quelque chose d'insaisissable à nos faibles moyens d'investigation, capable d'être ultérieurement isolé, comme l'a fait Pasteur pour certains ferments ? — Est-ce tout simplement un changement catalytique, — nouveau mot sous lequel se cache notre ignorance, — survenu dans les humeurs, changement qui les rend susceptibles d'agir sur les parties saines et de leur faire subir une transformation dite *polaire ?*

Enfin l'esprit humain, dans sa tendance naturelle à classer pour savoir, n'a-t-il pas confondu, sous la dénomination de *morve,* certains états qui n'ont de commun que leur facile transmissibilité à des sujets sains ?

Autant de questions encore insolubles, qui se mélangent, s'enchevêtrent et ont le tort immense de nous faire voyager de la syphilis au charbon, du charbon à la cocotte, de la cocotte au typhus, du typhus à la morve et au farcin. — Toutes les digressions auxquelles se prête un pareil sujet embrouillent les idées et font dévier du seul cas en litige. — Aussi, ayant toujours l'attention fixée sur la morve, cette affection étant notre objectif, devons-nous circonscrire la question, et laisser de côté celles des maladies virulentes avec lesquelles on la compare, et qui souvent sont bien différentes (1).

La question de la contagiosité de la morve étant résolue, — reste à débattre celle de la spontanéité. — Et celle non moins importante de l'état du *facteur interne, du réactif animal.*

Commençons par nous entendre sur ce mot *spontanéité.* — Rien ne naît de rien. Il ne peut donc entrer dans notre esprit de supposer que la morve peut naître sans causes. Quand nous nous demandons si la morve naît spontanément, nous entendons par là savoir si, tout en étant contagieuse une fois formée, elle peut être la résultante d'une ou plusieurs causes extérieures, absolument comme la pleurésie, la pneumonie, etc. En un mot, étant donné un organisme, ses forces internes étant mises en lutte contre des forces externes, l'adaptation, l'équilibration ne pouvant se faire, le dérangement physiologique désigné par nous sous le nom de *morve* peut-il naître?

Avant d'aller plus loin, disons que nous n'essaierons point de discuter avec les esprits qui, partant des faits établis par M. Chauveau, et non expérimentalement controuvés, pensent que les parties solides, — non solubles du sang et du jetage des chevaux morveux, — sont les seules qui puissent transmettre la maladie. Le virus morveux faisant corps avec elles, il est toujours possible de faire remonter à ces corpuscules, répandus par milliers dans l'air, transportés par les eaux, les solides et les vents, les prétendus cas de morve spontanée. Avec ceux qui raisonnent d'après cette supposition, toute discussion s'arrête. Leur affirmation est-elle exacte? — Personne ne le sait. — C'est un peu, sous une autre forme, l'éternelle et insoluble querelle des spiritualistes et des matérialistes. — Les uns prétendent que force est indé-

---

(1) Évidemment le virus de la peste ne ressemble pas au virus farcino-morveux; l'un est contagieux par tous les moyens, l'autre ne l'est que dans quelques cas.

pendante de matière; les autres que force et matière sont indissolublement liées et ne font qu'un sous les innombrables apparences du mouvement. Inutile de discuter avec ceux qui partent d'un *à priori*, — non démontré. La seule réponse à faire est d'invoquer la méthode expérimentale, laquelle ne s'appuie que sur l'*à posteriori* pour les questions scientifiques, — c'est-à-dire sur les faits démontrés et pouvant toujours être reproduits, les mêmes circonstances étant données. — Non, bien entendu, que nous ayons la prétention de nier les germes en question. — Un esprit un peu philosophique, qui n'ignore rien des innombrables *devenirs* renfermés dans un ovule fécondé, — et tous complétement insaisissables à nos sens, — ne peut nier la possibilité des germes de la morve répandus dans le monde.

Du moment où nous entrons dans cet ordre d'idées tout est possible; cependant nous ne saurions oublier que la méthode scientifique n'admet cet ordre de causes que lorsqu'elle ne peut faire autrement, lorsque la sévère observation des faits ne lui permet que des suppositions et des hypothèses. Or, dans le cas, il n'en est pas tout à fait ainsi; pour beaucoup de bons esprits la morve peut naître en dehors de la contagion, sous un ensemble de causes tant externes qu'internes, ensemble qu'il appartient de rechercher.

L'importance du débat n'échappera à personne. — En effet, s'il était démontré que la morve ne naît que de la morve, absolument comme la syphilis naît de la syphilis, peut-être arriverait-on, par l'abatage des sujets suspects, à faire disparaître complétement la maladie dans un avenir plus ou moins rapproché. Or, il y a déjà pas mal de temps que la contagion est admise, partant, l'abatage est appliqué depuis nombre d'années, — et cependant la morve sévit toujours. N'est-il pas à craindre que les esprits étant sans cesse portés du côté de la contagion, négligent complétement l'étiologie proprement dite? — On se contenterait de couper l'arbre à sa base en laissant des racines vivaces. — S'il en est ainsi, notre devoir n'est-il pas d'empêcher ce courant trop énergique.

L'expérience de près de quarante ans nous a entraîné à considérer les arrêts de transpiration successifs et répétés, les écuries humides, fraîches, nouvellement bâties, exposées aux courants d'air, les changements subits amenés dans le mécanisme des forces internes de l'organisme, soit par surcroît de fatigues excessives, soit par une médication spoliative trop active, trop longtemps continuée, comme autant de causes déterminantes de la maladie, ou tout au moins comme des circonstances particulières qui mettent l'animal dans les conditions les plus propres à être contaminé, si le contage est indispensable pour qu'il y ait morve.

Je vais résumer quelques faits sur lesquels je m'appuie pour penser ainsi.

Dans l'armée, la morve naît presque toujours à la suite des campagnes d'hiver, longues et pénibles. Dans ces cas, les animaux, surmenés et moins surveillés, sont soumis, par suite des marches et des contre-marches, à des arrêts fréquents de transpiration, alors que le besoin de vivre oblige le cavalier à s'occuper de lui avant de prendre soin de sa monture.

Dans le train, nous avons eu souvent occasion de remarquer que les attelages détachés, et partant les moins surveillés, fournissaient le plus gros contingent ; de même dans la cavalerie, et partout les cavaliers négligents et inintelligents avaient plus souvent leurs animaux malades. Que de fois ne m'est-il pas arrivé de dire à tel sous-officier que je voyais caracolant et mésusant de sa monture : Vous dressez votre cheval pour la morve. Et la suite venait trop souvent à l'appui de mes prévisions.

Enfin, ce sont les bêtes les plus chaudes, les plus ardentes, celles qui entrent le plus facilement en sueur, que nous avons vues payer le plus lourd tribut. J'en dirai autant de celles qui, placées derrière les portes, sont comme telles les plus exposées aux courants d'air, surtout lorsqu'on ne prenait pas soin de leur mettre la couverte en revenant de la corvée.

Un fait qui m'est personnel mérite d'être raconté. Étant au 4e régiment de chasseurs, — en 1849, — dans un changement de Castres à Libourne, j'avais pour monture une bête limousine, de beaucoup de sang et de moyens, qui, depuis plus de deux ans faisait mon service. Obligée de suivre une colonne, cette bête devint très-désagréable, ne voulant pas suivre, piaffant, se tracassant continuellement pour prendre la tête. Un sous-officier chargé de faire le logement s'offrit à la monter pendant plus de la moitié de la route. J'eus l'imprudence de la lui confier. À peine arrivée à la garnison, ma bête commença à tousser, à maigrir, à avoir le poil terne et piqué, les articulations et le rein roides ; enfin, tous les symptômes de la morve, avec quelques boutons farcineux, ne tardèrent pas à se développer. On dut l'abattre, à mon grand regret, et l'autopsie nous révéla tous les symptômes d'une affection farcino-morveuse.

Cette jument très-ardente, arrivant toujours en sueur à l'étape, était laissée dans cet état aux portes des mairies, des auberges, partout où le service actif du sous-officier d'avant-garde, chargé du logement, demandait une station. Ce fut, à ma connaissance, le seul cas de morve dans le détachement. N'est-il pas un enseignement ? De ce que la force de réaction, la force d'adaptation, est assez puissante pour empêcher une de nos maladies graves dites *inflammatoires*, s'ensuit-il que ces sueurs rentrées, pour employer l'expression populaire, soient sans influence ? Le simple bon sens indique le contraire. Nulle force ne se perd. Ces arrêts successifs de transpiration ne peuvent manquer d'amener des effets ; plus le système nerveux est délicat et irritable, plus il ressent vivement les excitants extérieurs. Nous n'avons pas, comme en médecine humaine, la phthisie proprement dite, mais certaines formes de la morve ne seraient-elles pas son équivalent ? Des concrétions trouvées dans les poumons de chevaux atteints depuis plusieurs mois, et qui extérieurement ne présentaient aucun symptôme morveux, avaient même repris un embonpoint normal, tendraient à nous le faire penser.

De là notre supposition que, sous le nom générique de *morve* on désigne des états peut-être très-distincts. Pour mon compte personnel, je crois avoir rencontré, dans ma carrière, trois espèces de morve : *morve chancreuse, morve latente, morve aiguë*, et cette affection désignée sous le nom de *rhinite exsudative*. — Sont-elles toutes également contagieuses, quelques-unes même le sont-elles réellement. Certains faits tendraient à prouver le contraire.

Après la Commune, je fis le service d'une compagnie du train où les chevaux avaient été pris dans tous les rebuts de la campagne. Ces animaux, de corps et de provenance très-différents, ayant fait la campagne de l'Est, de la Loire et la Commune, où ils avaient dû beaucoup souffrir, ne cessèrent pendant plusieurs mois de me donner des cas de morve latente ; rien extérieurement n'indiquait qu'ils fussent contaminés. — Ils restèrent donc pendant tout ce temps sans qu'on prît aucune précaution contre la contagion. — Et cependant tous ceux que je dus faire abattre, — une trentaine au moins, — présentèrent des lésions anciennes; aucun cas récent ne s'est montré dans cette compagnie. Il y a eu aussi plusieurs cas de farcin chez des sujets qui s'étaient refaits et présentaient tous les signes d'une parfaite santé. Seulement, les cordes et les boutons se cicatrisaient difficilement; guéris, cicatrisés, il s'en déclarait d'autres un peu plus loin, et la morve, le glandage et un léger jetage finissaient par se montrer. A l'autopsie, chez deux ou trois de ces sujets, je n'ai trouvé ni lésions pulmonaires, ni chancres dans les cavités nasales, seulement quelques dépôts purulents dans les cornets et les sinus frontaux, une certaine infiltration avec épaississement de la muqueuse, quelques érosions, mais non le chancre morveux proprement dit.

Si maintenant nous passons à l'étude de la misère physiologique, considérée pendant longtemps comme une cause déterminante de la maladie, nous dirons qu'elle ne nous semble pas jouer un rôle aussi considérable. En effet, à la campagne, la morve est rare, et cependant combien est défectueuse la nourriture, surtout en hiver, — lorsque les fourrages font défaut ; — combien sont antihygiéniques les écuries, si on peut donner ce nom à des bouges où l'air, toujours chargé des émanations des fumiers et des eaux d'égouts, entre à peine. — C'est que l'animal de la campagne, absolument comme son maître, fait un travail lent, jamais de secousses. En outre, doué de peu de sang, il est dans un état d'émaciation qui n'admet pas de répercussions vives.

La campagne de l'armée de Metz suffirait à prouver notre dire. Nos malheureux animaux y ont été peu à peu amenés à la période d'inanition presque complète, et cependant la morve n'a point paru. — Tout au contraire, c'est à la suite de la pénible campagne de la Loire et la Commune, alors que, tant bien que mal, les animaux ont été nourris, que le plus grand nombre des cas de morve se sont déclarés.

Il n'en est pas de même si nous portons notre attention sur l'ancienne médication broussaisienne : — les déplétions sanguines faites sans mesure, jointes à une diète rigoureuse, faisant naître dans l'organisme un dérangement qui a dû jouer un rôle important dans l'étiologie de l'affection qui nous occupe. — L'organisme passant sans transition d'un état de plénitude physiologique à un état de vacuité capable d'apporter les plus grands troubles dans l'équilibre interne des forces. *

Qu'on nous pardonne d'être obligé d'entrer dans ces détails, mais la question nous paraît extrèmement complexe. Il ne nous appartient pas de la rendre simple. Agir autrement serait, à notre avis, commettre une grossière erreur. De l'idée, je ne saurais trop le répéter, part l'action. — Si l'idée, — *ou représentation mentale de la filiation et concomitance des faits,* — est fausse, l'action qui en résulte fatalement peut avoir des conséquences désastreuses. Que de saignées mortelles, dont le point de départ était une idée fausse de l'irritation. — Je ne veux citer que ce cas médical. — La même chose a lieu pour toutes les actions humaines, en religion, en politique, etc., partout enfin où l'homme, cessant d'agir automatiquement, opère d'après une ·
volonté arrêtée.

Pour montrer à quel point une hygiène bien comprise peut diminuer les cas de morve, je veux citer un fait personnel :

A Marbœuf, une compagnie d'abord, puis l'escadron entier ensuite, prit possession d'écuries considérées depuis longues années comme des foyers d'infection de morve. Nos chevaux vigoureux, bien traités pendant la maladie d'acclimatation, sans détachement ni à-coup, ne présentèrent pas de morve. Voilà donc un foyer d'infection qui tout à coup disparaît. — Les écuries vieilles, lézardées de tout côté, ne sont ni mieux aérées, ni mieux assainies. — Les habitants seuls ont changé et la maladie n'a pas paru. Il est bien entendu que les animaux, en rentrant des corvées, étaient toujours couverts.

Je veux encore, avant de terminer, avant de conclure, raconter brièvement quelques cas de morve aiguë qu'il m'a été possible d'observer, et qui me font croire qu'il n'y a aucune analogie, ni dans les causes, ni dans la nature, ni dans les symptômes de cette maladie avec la morve chronique proprement dite, soit chancreuse, soit latente. Sa marche rapide indiquerait plutôt un empoisonnement profond du sang, et par suite tous les liquides de l'économie. Il y a là une cause efficiente destructive, bien autrement forte que dans la morve ordinaire chronique. En 1859, pendant la campagne d'Italie, une épizootie catarrhale gourmeuse, observée sur 260 jeunes chevaux mis en route en arrivant au corps, venant des dépôts de remonte de Normandie, nous présenta sept ou huit cas de cette affection. Partis de Paris, le 7 mai, par les voies ferrées jusqu'à Marseille, et de Marseille à Gênes par mer, où nous arrivions le 12, neuf jours après notre départ, nous avions déjà 26 malades à l'infirmerie. Tous y passèrent. Sur 7 ou 8 seulement, la maladie se compliqua de morve aiguë gangreneuse, à marche rapide. — On procéda à l'abatage. Les boutons, les pustules se développèrent partout autour de la tête, sur l'encolure, sur la pituitaire, dans les cavités nasales, les conjonctives étaient très-infiltrées, injectées, tuméfiées, d'un rouge jaunâtre; l'œdème enfin qui survenait plus tard aux ailes du nez et aux lèvres, eussent certes amené promptement l'asphyxie. Mais cette complication tenait à une cause appréciable, et qui s'est fait sentir sur tous les animaux qui l'ont subie. Un peloton de la compagnie avait fait la traversée, qui fut très-longue, de Marseille à Gênes, sur un mauvais bâtiment à voiles, mal approprié, où les animaux serrés, entassés — à fond de cale, — manquaient d'air et de lumière; aussi tous les animaux de ce peloton furent atteints de gourmes malignes.

Je laisserai chacun tirer de ces faits les conclusions qu'il jugera convenables, et je me résumerai en disant :

La morve comprend probablement des états différents, peut-être même des maladies diverses que certains symptômes communs ont réunies sous une même dénomination. Ces variétés ne doivent pas être également contagieuses, en admettant qu'elles le soient toutes.

L'idée de spécificité, la recherche de la caractéristique pathognomonique, a peut-être absorbé l'attention au point de faire oublier les signes extérieurs qui quelquefois, à défaut du jetage ou du glandage, peuvent mettre sur la voie de la maladie : poil terne et piqué, peau sèche, toux, rein et articulations raides, pituitaire pâle, épaissie, glacée, pictée. Cet *habitus*, joint aux antécédents, peut déterminer la mise en observation de l'animal, tenu dès lors dans une écurie à part.

Le but principal de notre travail a été d'appeler l'attention des praticiens sur le rôle important que joue dans l'étiologie de la morve l'état du sujet.

Les arrêts de transpiration répétés, les changements de régime sans transitions bien marquées, la mise au vert, les saignées intempestives chez les animaux rationnés, les diètes prolongées, les écuries humides avec faciles courants d'air, nous paraissent être un ordre de causes essentiellement prédisposantes.

M. Salle, dans l'importante communication dont nous parlons au début, y ajoute *la tonte mal comprise*, faite dans des conditions mauvaises, sur des animaux chez lesquels le poil, cette défense naturelle, n'est point remplacé par de grandes et épaisses couvertures, et des écuries admirables de confort, comme celles des particuliers riches qui n'achètent et n'élèvent que des bêtes de prix.

Nous allons plus loin, et nous ne serions pas éloigné de penser que ces causes complexes et variables, quant à leurs éléments, puissent faire naître un ou plusieurs de ces états physiologiques désignés sous le nom de *morve*. Ce qui nous le fait supposer, c'est que presque toujours, lorsque l'ensemble de ces conditions existe, des cas de morve apparaissent.

Il est donc de la plus haute importance d'éviter cet ensemble de causes, — que l'on admette ou non la spontanéité du virus, — car toujours elles ont pour effet d'augmenter tout au moins la contagion.

Si dans l'armée, si, dans les grandes administrations, on trouve aujourd'hui beaucoup moins de morve, ce n'est pas seulement parce que l'on abat les chevaux suspects, c'est aussi parce que l'hygiène est beaucoup mieux observée. Les chevaux, aussitôt arrivés, ou en stagnation, sont immédiatement revêtus de la couverte. Malades, on n'ajoute plus autant qu'autrefois à la cause de débilitation naturelle, — la maladie, une médication inintelligente et brutale, — fortes saignées, diète, barbottage, etc., — qui, changeant brusquement les ressorts internes de l'économie animale, ne leur permet pas de faire les frais de la maladie.

Telles sont les quelques considérations que j'ai cru devoir mettre en lumière sur la question aujourd'hui agitée. Je me suis surtout inspiré des faits. Seule, notre interprétation, sur leur filiation et leur concomitance, sur leur enchaînement, varie. Aussi ne devons-nous jamais oublier qu'entre l'interprétation d'un fait et ce fait il y a un abîme.

L'interprétation change avec les idées régnantes ; telle hypothèse explicative est aujourd'hui adoptée parce qu'elle englobe un plus grand nombre de faits et en facilite l'étude, la connaissance et le classement ; mais l'interprétation n'est jamais qu'une vue de l'esprit, que ce dernier, toujours attentif et prudent, ne doit pas confondre avec la réalité.

C5131 PARIS — Typographie de V^es RENOU MAULDE et COCK, rue de Rivoli, n.° 144

9 782329 416182